Watch for highlighted action verbs on each page!

Copyright ©2016 Mary Lou Brown & Sandy Mahony

All rights reserved. No part of this book may be reproduced in any form or by any electronic or mechanical means including information storage and retrieval systems, without permission in writing from the authors. The only exception is by a reviewer, who may quote short excerpts in a review.

Aliens **land** on a planet, **open** the hatch, **climb** down the stairs, and **leave** their spacecraft.

Three aliens **stand** together, **smile**, and **greet** everyone.

Flying saucers **blast** off, **hover**, **tilt**, and **blow** smoke and fire before they **zoom** away.

Aliens **gather**, **pose**, and **say** goodbye before they **board** their spaceships.

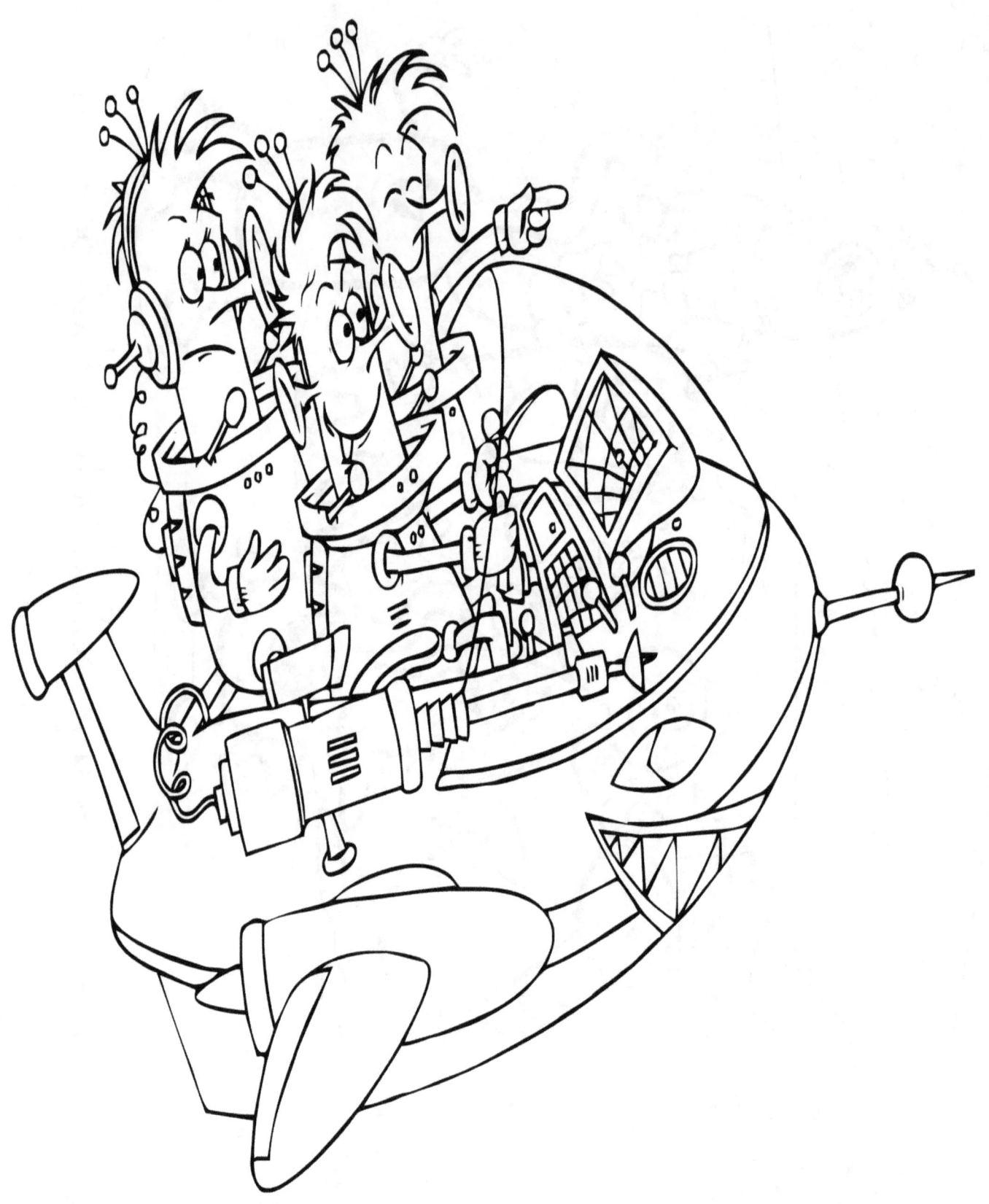

Alien spacecraft **speed** and **soar** through the air. Whoosh!

The astronaut **jumps**, **skips**, and **shouts** to get the aliens' attention.

An alien dog **wags** his tail and **waits** for his walk.

With three eyes, he **watches** and **notices** everything!

The astronaut **dips**, **dives**, and **floats** through the air near the alien.

One alien **described** the astronaut and two aliens **listened** and **grimaced**.

An alien astronaut **points** at another space creature **playing** with a ball.

An alien **performs** tricks with a ball and **stands** on his hands.

Small aliens **beam** to the planet, **hop**, **scamper**, and **observe** animals and plants.

An astronaut and aliens **dig** holes, **place** seedlings, and **water** new plants.

The alien **gazes** in the mirror and **loves** what she sees!

He **stands** near his spaceship and **waves** goodbye.

The alien pilot **holds** the controls and **guides** the flying saucer as it **launches** from a moon.

She **stretches** her arms and **hangs** out the window while the rocket **rises**.

The alien **gestures** and **makes** a point.

A menacing bird **surprises** an alien as he **jets** through the air.

Aliens **meet**, **shake** hands, and **become** friends.

An excited alien **holds** paper, **grabs** a pencil, and **writes** his name.

Astronauts easily **jog** and **leap** in low gravity.

An astronaut **removes** his helmet and **raises** his hand.

Aliens **dance** and **practice** their disco moves.

A dog **snarls** and **growls** as he **chases** a frightened alien.

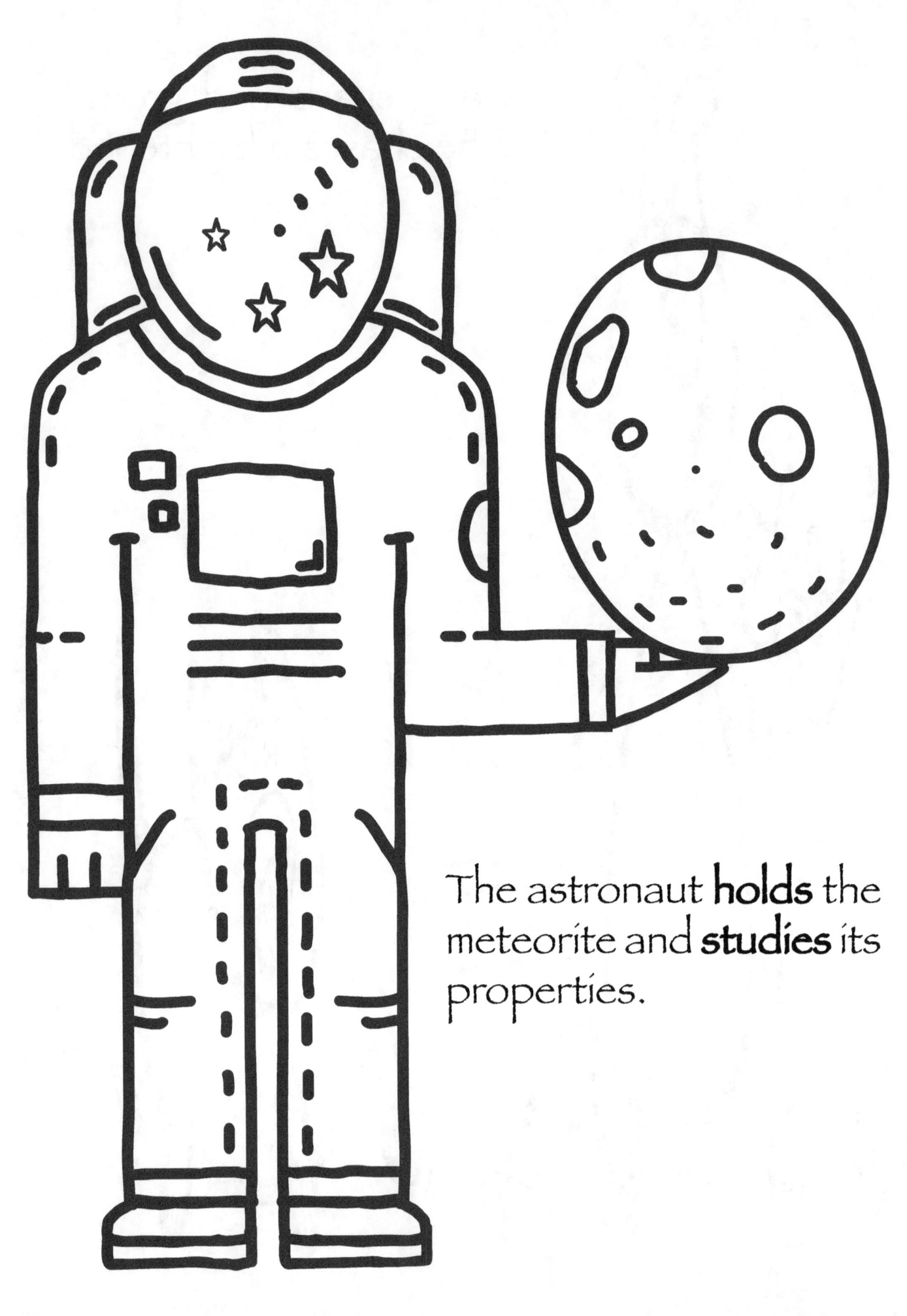

The astronaut **holds** the meteorite and **studies** its properties.

Some aliens **talk** and **talk** and **talk** and **talk**!

adventurelearningpress.com

www.ingramcontent.com/pod-product-compliance
Lightning Source LLC
Chambersburg PA
CBHW080527190526
45169CB00008B/3086